AF146190

BEI GRIN MACHT SICH IHR WISSEN BEZAHLT

- Wir veröffentlichen Ihre Hausarbeit,
  Bachelor- und Masterarbeit

- Ihr eigenes eBook und Buch -
  weltweit in allen wichtigen Shops

- Verdienen Sie an jedem Verkauf

Jetzt bei www.GRIN.com hochladen und kostenlos publizieren

Bibliografische Information der Deutschen Nationalbibliothek:

Die Deutsche Bibliothek verzeichnet diese Publikation in der Deutschen National-bibliografie; detaillierte bibliografische Daten sind im Internet über http://dnb.d-nb.de/ abrufbar.

Dieses Werk sowie alle darin enthaltenen einzelnen Beiträge und Abbildungen sind urheberrechtlich geschützt. Jede Verwertung, die nicht ausdrücklich vom Urheberrechtsschutz zugelassen ist, bedarf der vorherigen Zustimmung des Verlages. Das gilt insbesondere für Vervielfältigungen, Bearbeitungen, Übersetzungen, Mikroverfilmungen, Auswertungen durch Datenbanken und für die Einspeicherung und Verarbeitung in elektronische Systeme. Alle Rechte, auch die des auszugsweisen Nachdrucks, der fotomechanischen Wiedergabe (einschließlich Mikrokopie) sowie der Auswertung durch Datenbanken oder ähnliche Einrichtungen, vorbehalten.

Impressum:

Copyright © 2007 GRIN Verlag, Open Publishing GmbH
Druck und Bindung: Books on Demand GmbH, Norderstedt Germany
ISBN: 9783668301443

Dieses Buch bei GRIN:

http://www.grin.com/de/e-book/340331/numerische-loesung-von-anfangswertpro-blemen-anwendung-des-runge-kutta-verfahrens

Martin Büttner, Alexander Fromm

Numerische Lösung von Anfangswertproblemen. Anwendung des Runge-Kutta-Verfahrens

GRIN Verlag

GRIN - Your knowledge has value

Der GRIN Verlag publiziert seit 1998 wissenschaftliche Arbeiten von Studenten, Hochschullehrern und anderen Akademikern als eBook und gedrucktes Buch. Die Verlagswebsite www.grin.com ist die ideale Plattform zur Veröffentlichung von Hausarbeiten, Abschlussarbeiten, wissenschaftlichen Aufsätzen, Dissertationen und Fachbüchern.

Besuchen Sie uns im Internet:

http://www.grin.com/

http://www.facebook.com/grincom

http://www.twitter.com/grin_com

Inhaltsverzeichnis

1 Einleitung

In der vorliegenden Arbeit betrachten wir Anfangswertprobleme (AWP) der Form

$$y' = f(t, y) \quad mit \quad y(\hat{t}) = \hat{y} \tag{1}$$

Hierbei heißt die stetige Abbildung

$$f : I \times U \to \mathbb{R}^n \tag{2}$$

ein zeitabhängiges Vektorfeld, bzw. ein dynamisches System. Es ist $I = [a, b] \subset \mathbb{R}$ ein Intervall, $\hat{t} \in I$, sowie $\hat{y} \in U$ mit offenem $U \subset \mathbb{R}^n$. Das Problem besteht also in dem Auffinden einer differenzierbaren Kurve $y : I \to U$ mit $y(\hat{t}) = \hat{y}$, so dass für alle $t \in I$ gilt: $y'(t) = f(t, y(t))$. Diese wird als Lösung des Anfangswertproblems bezeichnet.

Folgende Voraussetzungen werden weiterhin im Weiteren der Vereinfachung halber zusätzlich gestellt:

- es existiert eine stetige Ableitung nach der Ortskoordinate $f_y : I \times U \to \mathbb{R}^{n \times n}$

- $I = [0, T]$ mit positivem $T \in \mathbb{R}$

- $\hat{t} = 0$

Wir setzen uns mit numerischen und damit approximativ bestimmten Lösungen eines AWP auseinander. Darunter versteht man Werte $y_i \in U$ mit $i = 0, \ldots, N \in \mathbb{N}$, welche Funktionswerte der expliziten Lösung $y(t_i)$ approximieren (hierbei ist $t_i \in I$ für $i = 0, \ldots, N$ und $t_0 = 0$).

Bei Verfahren zur Bestimmung dieser Näherungen unterscheidet man zwischen Ein- und Mehrschrittverfahren. Bei den ersteren wird von den alten Näherungswerten lediglich y_i verwendet, beim zweiten Typus gehen auch ältere Werte y_{i-1}, y_{i-2}, etc. mit in die Berechnung von y_{i+1} ein. Ein weiteres Unterscheidungskriterium ist, ob zur Bestimmung der jeweils nächsten Näherung y_{i+1} ein nichtlineares Gleichungssystem (etwa mittels Newtonverfahren) zu lösen ist (implizite Verfahren), oder ob dieser Wert unmittelbar bestimmt wird (explizite Verfahren). Wir wollen uns nun auf eine spezielle Klasse von Einschrittverfahren, auf die sogenannten Runge-Kutta-Verfahren beschränken. Hierbei wird der jeweils nächste Wert y_{i+1} definiert durch:

$$y_{i+1} = y_i + h \sum_{j=1}^{s} b_j f(t_i + c_j h, k_j) \tag{3}$$

mit Zwischenwerten

$$k_j = y_i + h \sum_{l=1}^{s} a_{jl} f(t_i + c_l h, k_l) \quad j = 1, \ldots, s \tag{4}$$

wobei $h = t_{i+1} - t_i$ als Schrittweite bezeichnet wird. Ein Runge-Kutta-Verfahren wird nun durch die sogenannte Stufenzahl s, sowie durch die Parameter c_j, b_j und a_{jl} charakterisiert. Diese werden üblicherweise in Form eines Butcher-Schemas oder Butcher-Tableaus aufgeschrieben:

$$
\begin{array}{c|c}
c_1 & a_{11}\ a_{12} \ldots a_{1s} \\
\cdots & \cdots\cdots\cdots\cdots \\
\cdots & \cdots\cdots\cdots\cdots \\
c_s & a_{s1}\ a_{s2} \ldots a_{ss} \\
\hline
 & b_1\ b_2 \ldots b_s
\end{array}
$$

oder auch kurz

$$\begin{array}{c|c} c & A \\ \hline & b^T \end{array}$$

Für den Fall $a_{jl} = 0$ für alle $j \leq l$ spricht man von einem expliziten Runge-Kutta-Verfahren, da hierbei die Werte k_j (mit $k_1 = y_i$ angefangen) sukzessive direkt ausgerechnet werden können:

$$k_j = y_i + h \sum_{l=1}^{j-1} a_{jl} f(t_i + c_l h, k_l) \quad j = 1, \ldots, s \tag{5}$$

Von Interesse wird für uns im Folgenden das spezielle 6-stufige Runge-Kutta-Verfahren sein:

$$\begin{array}{c|cccccc}
0 & & & & & & \\
\frac{1}{4} & \frac{1}{4} & & & & & \\
\frac{1}{4} & \frac{1}{8} & \frac{1}{8} & & & & \\
\frac{1}{2} & 0 & 0 & \frac{1}{2} & & & \\
\frac{3}{4} & \frac{3}{16} & -\frac{3}{8} & \frac{3}{8} & \frac{9}{16} & & \\
1 & -\frac{3}{7} & \frac{8}{7} & \frac{6}{7} & -\frac{12}{7} & \frac{8}{7} & \\
\hline
 & \frac{7}{90} & 0 & \frac{16}{45} & \frac{2}{15} & \frac{16}{45} & \frac{7}{90}
\end{array}$$

Um das approximative Verhalten einer numerischen Lösung (also der Werte $y_0, y_1, \ldots$) gegenüber einer genauen Lösung y des AWP zu untersuchen, sind die <u>Konsistenzordnung</u>, die <u>Konvergenzordnung</u>, sowie die <u>Stabilität</u> von einschneidender Bedeutung.

1.1 Konsistenzordnung

Zunächst die folgende grundlegende Definition:

Definition 1 *Ein Einschrittverfahren hat Konsistenzordnung $q \in \mathbb{N}$, falls für jede Lösung $y : I \to U$ eines Anfangswertproblems $y' = f(t, y)$ mit $y(0) = y_0$ und $f \in C^q(I \times U)$ eine Konstante $C \in \mathbb{R}$ und ein $h_0 > 0$ existiert mit:*

$$t_i, t_i + h \in I, \ h \in [0, h_0] \text{ und } y_i = y(t_i) \implies |y_{i+1} - y(t_i + h)| \leq C h^{q+1}$$

Das kann man sich folgendermaßen vorstellen: Stimmen die Verfahrensvorschrift für y_{i+1} und die Taylorentwicklung von $y(t_i + h) = y(t_i) + h y'(t_i) + \ldots + \frac{h^q}{q!} y^{(q)}(t_i) + O(h^{q+1})$ bis zur q-ten Ordnung überein, dann ist das Verfahren konsistent zur Ordnung q.

Man gewinnt systematisch Ausdrücke für Bedingungen durch Aufstellen von Butcher-Bäumen, auf deren Darstellung aufgrund von Übersichtlichkeitsgründen verzichtet wird. Vielmehr werden wir nur auf für uns wichtige Ergebnisse hinweisen:

Satz 1 *Hat man ein s-stufiges Runge-Kutta-Verfahren (A, b, c) gegeben, so hat dieses mindestens die Ordnung 5, falls folgende Gleichungen erfüllt sind:*

$$\sum_{i=1}^{s} b_i = 1$$

$$\sum_{i=1}^{s} b_i c_i = \frac{1}{2}$$

$$\sum_{i=1}^{s} b_i c_i^2 = \frac{1}{3}$$

4

$$\sum_{1 \leq i,j \leq s} b_i a_{ij} c_j = \frac{1}{6}$$

$$\sum_{i=1}^{s} b_i c_i^3 = \frac{1}{4}$$

$$\sum_{1 \leq i,j \leq s} b_i c_i a_{ij} c_j = \frac{1}{8}$$

$$\sum_{1 \leq i,j \leq s} b_i a_{ij} c_j^2 = \frac{1}{12}$$

$$\sum_{1 \leq i,j,k \leq s} b_i a_{ij} a_{jk} c_k = \frac{1}{24}$$

$$\sum_{i=1}^{s} b_i c_i^4 = \frac{1}{5}$$

$$\sum_{1 \leq i,j \leq s} b_i c_i^2 a_{ij} c_j = \frac{1}{10}$$

$$\sum_{1 \leq i,j \leq s} b_i c_i a_{ij} c_j^2 = \frac{1}{15}$$

$$\sum_{1 \leq i,j,k \leq s} b_i c_i a_{ij} a_{jk} c_k = \frac{1}{30}$$

$$\sum_{1 \leq i,j,k \leq s} b_i a_{ij} c_j a_{ik} c_k = \frac{1}{20}$$

$$\sum_{1 \leq i,j \leq s} b_i a_{ij} c_j^3 = \frac{1}{20}$$

$$\sum_{1 \leq i,j,k \leq s} b_i a_{ij} c_j a_{jk} c_k = \frac{1}{40}$$

$$\sum_{1 \leq i,j,k \leq s} b_i a_{ij} a_{jk} c_k^2 = \frac{1}{60}$$

$$\sum_{1 \leq i,j,k,l \leq s} b_i a_{ij} a_{jk} a_{kl} c_l = \frac{1}{120}$$

[Bu87, S.170f]

Außerdem hat man auch eine obere Schranke:

Satz 2 *Es gibt kein s-stufiges explizites Runge-Kutta-Verfahren der Ordnung s für $s \geq 5$.*
Beweis: [Bu87, S.189f]

Es gilt des Weiteren die folgende Verallgemeinerung:

Lemma 1 *Alle Runge-Kutta-Verfahren der Form*

0					
u	u				
$\frac{1}{4}$	$\frac{1}{4} - \frac{1}{32u}$	$\frac{1}{32u}$			
$\frac{1}{2}$	$(\frac{1}{2} - \frac{1}{8u})(1 - 2v)$	$\frac{1}{8u}(1 - 2v)$	v		
$\frac{3}{4}$	$\frac{3}{16}(\frac{1-v}{u} - 1)$	$-\frac{3}{8}(1 - 2v) - \frac{3}{16u}(1 - v)$	$\frac{3}{4}(1 - v)$	$\frac{9}{16}$	
1	$\frac{11 - 12v}{7} - \frac{7 - 6v}{14u}$	$\frac{7 - 6v}{14u}$	$\frac{12v}{7}$	$-\frac{12}{7}$	$\frac{8}{7}$
	$\frac{7}{90}$	0	$\frac{16}{45}$	$\frac{2}{15}$	$\frac{16}{45}$	$\frac{7}{90}$

mit $u \in \mathbb{R}\backslash\{0\}$, $v \in \mathbb{R}$ *besitzen Konsistenzordnung 5.*

Beweis: [Bu87, S.198f]

Für den Fall $u = \frac{1}{4}$ und $v = \frac{1}{2}$ ergibt sich das von uns betrachtete Verfahren, so dass also Konsistenzordnung $q = 5$ vorliegt.

1.2 Stabilität

In der Numerik sind vor allem solche Verfahren von Interesse, die numerische Lösungen liefern, welche möglichst viele Eigenschaften der exakten Lösung besitzen. Als eine wesentliche Eigenschaft sollte es möglichst gut das Verhalten der eindimensionalen Testgleichung:

$$y' = \lambda y, \quad y(0) = 1, \quad \lambda \in \mathbb{C} \tag{6}$$

mit der expliziten Lösung $y(t) = e^{\lambda t}$ widerspiegeln. Für diese gilt:

- Re $\lambda > 0$: $\quad |y(t)| \to \infty \quad$ für $\quad t \to \infty$

- Re $\lambda < 0$: $\quad |y(t)| \to 0 \quad$ für $\quad t \to \infty$

- Re $\lambda = 0$: $\quad |y(t)| = 1 \quad$ für alle $t \in \mathbb{R}^{>0}$

Definition 2 *Es sei* $\mathbf{1} = (1, \dots, 1)^T \in \mathbb{R}^s$ *und* $\widehat{\mathbb{C}} = \mathbb{C} \cup \{\infty\}$. *Die zu einem Runge-Kutta-Verfahren* (A, b, c) *gehörige Funktion* $R : \widehat{\mathbb{C}} \to \widehat{\mathbb{C}}$, $R(\zeta) = 1 + \zeta b^t (I - \zeta A)^{-1} \mathbf{1}$ *heißt Stabilitätsfunktion.*
Mit $\mathbb{S} = \{\zeta \in \mathbb{C} | |R(\zeta)| \leq 1\}$ *wird das dazugehörige Stabilitätsgebiet bezeichnet.*
Ein Verfahren heißt A-stabil, falls die numerischen Näherungslösungen $\{y_i\}$ *der Testgleichung* $y' = \lambda y$ *für ein beliebiges* $\lambda \in \mathbb{C}^- = \{\lambda \in \mathbb{C} | Re\lambda \leq 0\}$ *mit beliebiger, aber fester Schrittweite* $h > 0$ *kontraktiv sind, d.h.* $|y_{i+1}| \leq |y_i|$ *für alle* i.

Es gilt nun die folgende Charakterisierung:

Satz 3 *Ein Verfahren ist genau dann A-stabil, wenn* $|R(\zeta)| \leq 1$ *für alle* $\zeta \in \mathbb{C}^-$.

Beweis: [HB02, S.583]

Ein Verfahren ist also A-stabil gdw. $\mathbb{C}^- \subseteq \mathbb{S}$ erfüllt ist. Dies ist leider für unseren Fall nicht erfüllt, denn es gilt:

Satz 4 *Das Stabilitätsgebiet eines expliziten Runge-Kutta-Verfahrens ist immer beschränkt.*

Beweis: [HB02, S.584]

Es ist aber immer noch die folgende Aussage richtig:

Satz 5 *Gegeben sei ein Runge-Kutta-Verfahren, dessen Stabilitätsbereich* $\mathbb{S}$ *den Halbkreis* $\mathbb{B}_\tau^- := \{\zeta \in \mathbb{C}^- | |\zeta| \leq \tau\}$ *enthält. Dann sind bei jedem* $\lambda \in \mathbb{C}^-$ *die Runge-Kutta-Näherungen für die Testgleichung* $y' = \lambda y$ *kontraktiv, sofern eine Schrittweite* $h \leq \frac{\tau}{|\lambda|}$ *gewählt wird.*

Beweis: [HB02, S.585]

Man kann also die Stabilität eines expliziten Runge-Kutta-Verfahrens auf Kosten einer sehr kleinen Schrittweite $h > 0$ retten. Untersucht man aber steife DGL's mit $|\lambda|$ - sehr groß, so können keine brauchbaren Lösungen erwartet werden, denn für $|h| \to 0$ spielen Rundungsfehler eine immer größere Rolle.

1.3 Konvergenzordnung

Definition 3 *Für ein Runge-Kutta-Verfahren (A, b, c) mit Schrittweite h ist der <u>globale Diskretisierungsfehler</u> als*

$$e_h(t_i) = y(t_i) - y_i$$

für alle $ih = t_i \in [0, T]$ definiert. Das Verfahren heißt hierbei konvergent, falls

$$\lim_{h \to 0} max_{t_i} \|e_h(t_i)\| = 0$$

gilt und es heißt konvergent von der Ordnung p, falls

$$max_{t_i} \|e_h(t_i)\| = O(h^p)$$

mit maximal gewähltem $p \in \mathbb{N}$, gilt.

Während also die Konsistenz nur eine lokale Eigenschaft ist, bietet die Konvergenz eine globale Aussage zur Güte des Verfahrens. Für die Konvergenzordnung ist nun der folgende Satz von Bedeutung:

Satz 6 *Sei $I = [0, T]$, und $f \in C^{q+1}(I \times \mathbb{R}^n)$ mit in $I \times \mathbb{R}^n$ beschränkter partieller Ableitung f_y gegeben und es habe das Runge-Kutta-Verfahren die Konsistenzordnung q. Dann existiert ein $h_0 > 0$, so dass bei einer (konstanten) Schrittweite $h \in (0, h_0)$ für alle $t_i = ih \in I$ gilt:*

$$\|y(t_i) - y_i\| \leq Ch^q$$

Die Konstante C ist hierbei von i und h unabhängig, solange $t_i \in [0, T]$.

Beweis: [HB02, S.575-577]

Liegt also Konsistenzordnung q für ein Runge-Kutta-Verfahren vor und stellt man eine (recht starke) Zusatzeigenschaft an f, so hat man bei konstanter Schrittweite h bereits Konvergenz der Ordnung q. Für unsere Betrachtungen ist die obige Aussage auch vollkommen ausreichend: Das Verfahren wird nur für konstante Schrittweiten implementiert und bei den numerischen Tests zur Bestimmung der Konvergenzordnung werden wir uns auf lineare autonome Probleme $y' = Ay$ mit $y(0) = y_0$ beschränken, da man in jedem Fall als Ableitung eine (konstante, beschränkte) Matrix hat und die explizite Lösung $y(t) = e^{At}y_0$ kennt.
<u>Achtung:</u> Bei der unten aufgeführten (nichtlinearen) Modellgleichung liegt keine Beschränktheit der Ableitungen vor, so dass man i.A. keine Konvergenz gegen die „richtige" Lösung a priori erwarten darf.

2 Implementierung

2.1 Das Package RK

Das Package RK wird beschrieben durch die drei Java-Dateien `DGL.java`, `RungeKutta.java` und `DGLBibo.java`. Bei `DGL` handelt es sich um ein Interface:

```
public interface DGL
{
    public double[] f(double t, double[] y);
    public int getDim();
    public double[] getparameters();
    public double[] exakteLsg(double[] y0, double t);
}
```

Dieses dient dem Zweck eine Differentialgleichung als algorithmisches Objekt behandeln zu können. Hierbei beschreibt `f(..)` die eigentliche Differentialgleichung und `getDim()` gibt die Anzahl der Gleichungen in der DGL (also die Dimension derselbigen) an. Die Methode `getparameters()` wird benutzt um eventuell vorhandene Parameter (wie etwa α, β, γ aus der DGL in der Aufgabe) auszugeben und gegebenenfalls zu verändern. Durch Ausgabe eines Arrays der Lange 0 durch `getparameters()` wird das Nichtvorhandensein variabler Parameter angezeigt. Die Methode `exakteLsg(..)` wird benutzt um bei Eingabe des Anfangswertes bei 0, sowie des gewünschten Zeitpunktes den Wert der exakten Lösung des AWP auszugeben. Durch Ausgabe von `null` durch `exakteLsg(..)` wird angezeigt, dass die exakte Lösung nicht definiert wurde.

Die Klasse `RungeKutta` dient dem Zweck das vorgegebene sechsstufige Runge-Kutta-Verfahren zu implementieren. Es wird als „Bibliotheksprogramm" von dem späteren Hauptprogramm `DGLTool` verwendet.

```
public class RungeKutta
{
    private static int s=6;
    // Anzahl der Stufen des Runge-Kutta-Verfahrens
    private static double [] b = .. ;
    private static double [] c = .. ;
    private static double [][] a = .. ;

    public double h;        // die Schrittweite
    public double l;        // linke Intervallgrenze
    public double r;        // rechte Intervallgrenze
    public DGL dgl;         // die zu loesende DGL
    public double[] y0;     // gewuenschter Funktionswert bei l
    private int n;          // Anzahl der Gleichungen des DGLS
    private int N;          // Anzahl der Zwischenpunkte

    public double [][] loese () {..}
    private double [] schritt (double [] Z, double t) {..}

    // Addition zweier Vektoren
    private static double [] add (double [] x, double [] y) {..}

    // skalare Multiplikation
    private static double [] mult (double t, double [] x) {..}
}
```

Hierbei beschreiben `b`, `c` und `a` das Butcher-Tableau des 6-stufigen Runge-Kutta-Verfahrens aus der Einleitung (`b` ist die unterste Zeile, `c` die Spalte links und `a` die Matrix rechts/oben).
Die Klasse erlaubt es die zu lösende DGL (`dgl`), die Schrittweite (`h`), die Intervallgrenzen (`l` und `r`), sowie den gewünschten Wert bei `l`, also den Anfangswert (`y0`) wie gewünscht einzustellen und den Algorithmus durch `loese()` auszuführen. Es wird anschließend das Ergebnis in Form eines zweidimensionalen Arrays ausgegeben, wobei die Komponente `[i][j]` desselbigen für `j=` 0 den `i+1`-ten Zeitpunkt (der erste ist immer `l`) und ansonsten die `j`-te Vektorkomponente des Ergebnisvektors (der approximativen Lösung) zum `i+1`-ten Zeitpunkt angibt. Die Anzahl der Zeitpunkte wird in Abhängigkeit von der Schrittweite intern ausgerechnet (und in `N` abgelegt). Der letzte Zeitpunkt ist immer `r`, gegebenenfalls ist also der Abstand zwischen dem letzten und dem vorletzten Zeitpunkt kleiner als `h`.

Zur Implementation von `loese()` ist anzumerken, dass hierbei im Wesentlichen die Methode `schritt(..)` N-1-Mal aufgerufen wird, um den jeweils nächsten Funktionswert der Lösung nach dem vorgegebenen Einschrittverfahren auszurechnen. Die algorithmische Umsetzung ist der Definition eines expliziten Runge-Kutta-Verfahrens aus der Einleitung direkt entnommen. Es werden zunächst durch eine Doppel-for-Schleife die 6 Ableitungsapproximationen `F[i]` (entsprechen den Werten $f(t_{alt} + c_{i+1}h, k_{i+1})$) ausgerechnet und in einer letzten for-Schleife deren Linearkombination zum alten Funktionswert hinzuaddiert, was nun die Berechnung des nächsten Wertes abschließt.

Zu der Klasse `DGLBibo` ist anzumerken, dass sie dem Zweck dient, die Implementierung einiger (weitere Beschreibung siehe unten) Differentialgleichungen (unter anderem die der Differentialgleichung aus der Aufgabenstellung), welche ja nun durch von `DGL` abgeleitete Klassen beschrieben werden müssen, zu enthalten. Die Instanzen der Klassen werden in einem Array `DGLList` abgelegt, auf welchen von außen zugegriffen werden kann. Die Bibliothek kann leicht (und beliebig) erweitert werden. Es ist vielleicht noch zu erwähnen, dass die einzelnen DGL-Klassen nicht direkt von `DGL` abgeleitet werden, sondern von einer Zwischenklasse `DGLclass` (welche aber von `DGL` abgeleitet ist), welche die Implementierung einfacher Methoden, sowie die Definition des Parameterarrays enthält.

2.2 Das Programm DGLTool

Zum einfacheren Testen des Verfahrens für verschiedene Anfangswertprobleme wurde ein Tool namens `DGLTool` erstellt. Dieses benutzt eine Bibliothek mit diversen dort gespeicherten Differentialgleichungen, welche in der Klasse `RK.DGLBibo` abgelegt ist. Diese kann beliebig erweitert werden. Die Änderungen werden natürlich erst nach dem Kompilieren der Klasse `DGLBibo` wirksam. Das Tool ermöglicht es dem Benutzer die gewünschte DGL (bzw. die entsprechende Nummer der DGL in der Bibliothek), die Schrittweite, die Intervallgrenzen und alle sonstigen Parameter wie gewünscht einzustellen und anschließend die Lösung zu berechnen. Es wird danach eine Graphikdatei, sowie eine **gnuplot**-gerechte Textdatei (Ausgabe in durch Leerzeichen getrennten Spalten, mit den Zeitpunkten in der ersten Spalte und den Funktionswerten in den darauffolgenden) mit den errechneten Daten erstellt. Des Weiteren findet parallel eine graphische Ausgabe in einem Fenster statt.

Neben dem Package `RK` werden die beiden externen Pakete `HUMath` und `JMSL` verwendet. Folgende Befehle sind zur Bedienung des Tools zwecks Bestimmung und Ausgabe numerischer Lösungen möglich:

9

Befehl	Funktionalität
`get`	Gibt alle gespeicherten Daten und Parameter aus. Dabei ist: `l` ... linke Intervallgrenze `r` ... rechte Intervallgrenze `h` ... die Schrittweite
`set DGL x`	Lädt die DGL mit der Bibliotheksnummer x
`set parameters`	Bewirkt die nach diesem Befehl folgende Abfrage der eventuell vorhandenen Parameter der DGL.
`set h x`	Setzt die Schrittweite auf den Wert x
`set l x`	Setzt die linke Intervallgrenze
`set r x`	Setzt die rechte Intervallgrenze
`set chartfile 'x'`	Setzt den Namen der zu erzeugenden Graphikdatei
`set textfile 'x'`	Setzt den Namen der zu erzeugenden Textdatei
`set start`	Bewirkt die nach diesem Befehl folgende Abfrage des Anfangswertes bzw. des Anfangsvektors (Wert/Vektor bei l (linke Intervallgrenze))
`solve using x:y`	Führt das Verfahren aus und speichert das Ergebnis als Text- und als Graphikdatei und gibt die Graphik parallel auch in einem Fenster aus. Hierbei werden die x-te und die y-te Komponente graphisch ausgegeben, wobei x= 0 (bzw. auch y= 0) für die Zeit steht. Beispiel: Bei einer 2-dimensionalen DGL liefert: · `solve using 0:2` den Graphen der zweiten Komponente der Lösung · `solve using 1:2` das Phasendiagramm
`q`	Beendet das Tool

Des Weiteren unterstützt das Tool folgende Befehle zur Bestimmung der Fehler bzw. der Konvergenzgeschwindigkeit, soweit eine explizite Lösung der DGL in der DGL-Bibliothek vorhanden ist.

Befehl	Funktionalität
`get error`	Liefert den globalen Diskretisierungsfehler.
`get errors x:N:y`	Errechnet den globalen Diskretisierungsfehler für verschiedene Schrittweiten. Und zwar steht hierbei: `x` ... für die größte Schrittweite `y` ... für die kleinste Schrittweite `N` ... für die Anzahl der verschiedenen Schrittweiten Die Zwischenschrittweiten werden so gewählt, dass ihre logarithmierten Werte gleichmäßig verteilt sind. Die errechneten Fehler werden in logarithmierter Form sowohl als Liste in eine Textdatei als auch graphisch (in Datei und auch Fenster) ausgegeben. Es wird weiterhin eine Regressionsgerade bestimmt und eingezeichnet, sowie auch deren Parameter (unter anderem der Anstieg und somit eine Approximation der Konvergenzgeschwindigkeit) in der Legende ausgegeben.

Folgende Differentialgleichungen wurden zuletzt in `RK.DGLBibo` abgelegt und können über das `DGLTool` getestet werden:

Bibliotheksnr.	Beschreibung der Differentialgleichung
0	Die zweidimensionale Differentialgleichung $y_1' = -y_2$ $y_2' = y_1$ Eignet sich zur Erzeugung der sin- und cos-Funktionen Parameter: keine explizite Lösung definiert: ja
1	Die eindimensionale Differentialgleichung $y' = y$ Parameter: keine explizite Lösung definiert: ja
2	Die Differentialgleichung aus der Aufgabenstellung Parameterarray: $[\alpha, \beta, \gamma]$ Standardeinstellung: $[\alpha, \beta, \gamma]=[0.04, 1.0e4, 3.0e7]$ explizite Lösung definiert: nein
3	Die DGL $y'' = -\alpha y - \beta y'$ bzw. die 2-dimensionale DGL $y_1' = y_2$ $y_2' = -\alpha y_1 - \beta y_2$ Beschreibt eine gedämpfte Schwingung. Parameterarray: $[\alpha, \beta]$ Standardeinstellung: $[\alpha, \beta]=[1.0, 0.3]$ explizite Lösung definiert: nein
4	Die DGL $y'' = -\alpha \sin y$ bzw. die 2-dimensionale DGL $y_1' = y_2$ $y_2' = -\alpha \sin y_1$ Beschreibt das mathematische Pendel. Parameterarray: $[\alpha]$ Standardeinstellung: $[\alpha]=[1.0]$ explizite Lösung definiert: nein
5	Die folgende spezielle 3-dimensionale lineare DGL $$y' = \begin{pmatrix} \lambda & 1 & 0 \\ 0 & \lambda & 1 \\ 0 & 0 & \lambda \end{pmatrix} y$$ Parameterarray: $[\lambda]$ Standardeinstellung: $[\lambda]=[1.0]$ explizite Lösung definiert: ja
6	Die eindimensionale DGL $y' = yt$ Parameter: keine explizite Lösung definiert: ja

3 Die Modellgleichung

Wir betrachten die folgende Modellgleichung

$$
\begin{aligned}
y_1' &= -\alpha y_1 + \beta y_2 y_3 & (7) \\
y_2' &= \alpha y_1 - \beta y_2 y_3 - \gamma y_2^2 & (8) \\
y_3' &= \gamma y_2^2 & (9)
\end{aligned}
$$

mit $\alpha, \beta, \gamma > 0$ und $y(0)$ gegeben. Diese Differentialgleichung spiegelt das Verhalten eines chemischen Reaktionsschemas der Form

$$ A \xrightarrow{\alpha} B \qquad (10) $$

$$B + B \xrightarrow{\gamma} C + B \tag{11}$$

$$B + C \xrightarrow{\beta} A + C \tag{12}$$

mit α, β und γ als Reaktionskoeffizienten ($\widehat{=}$ Maß für Reaktionsgeschwindigkeit) wider, so dass y_1, y_2 und y_3 den Konzentrationen der Stoffe A, B und C entsprechen (vgl. hierzu auch [HB02, 475 ff.]).

3.1 Analytische Betrachtungen

In diesem Abschnitt werden nur Aussagen zu autonomen (zeitunabhängigen) Systemen $y' = f(y)$ getroffen. Dazu sind einige Definitionen vonnöten:

Definition 4 *Eine Integralkurve (eine Lösung der DGL) $\varphi : I \to \mathbb{R}^n$ durch den Punkt $(t_0, \varphi(t_0))$ heißt maximal, wenn für jede weitere Integralkurve $\Psi : J \to \mathbb{R}^n$ durch diesen Punkt gilt: $J \subset I$ und $\Psi = \varphi|J$.*

Glücklicherweise gilt der nebenstehende Satz:

Satz 7 *Ist f lokal Lipschitz-stetig, so besitzt das AWP eine (und nur eine) maximale Lösung.*

Beweis: [Kö01, S.142]

Weiterhin führt man ein:

Definition 5 *Ein $\underline{kritischer}$ oder $\underline{stationärer}$ Punkt y^* einer autonomen DGL $y' = f(y)$ ist ein Punkt, für welchen gilt:*

$$f(y^*) = 0$$

Dieser heißt:

i) $\underline{stabil}$, falls jede seine Umgebung K eine Umgebung V enthält, so dass für jede maximale Lösungskurve φ mit $\varphi(0) \in V$ gilt: $\varphi(t)$ existiert und $\varphi(t) \in K$ für alle $t \geq 0$

ii) $\underline{asymptotisch\ stabil}$ oder $\underline{Attraktor}$, falls er stabil ist und darüberhinaus zu K wie in i) eine Umgebung V von y^* existiert, so dass zusätzlich gilt: $\varphi(t) \to y^*$ für $t \to \infty$

iii) $\underline{instabil}$, sofern y^* nicht stabil ist.

Stabile Punkte y^* sind also solche Punkte, so dass maximale Lösungskurven in einer vorgegebenen Umgebung bleiben, sofern Startpunkte hinreichend nahe zu y^* liegen. Als zusätzliche Eigenschaft weisen Attraktoren auf, dass Lösungskurven in den stabilen Punkt hineinlaufen.

Man erkennt leicht, dass die Punkte $y^* = (0, 0, y_3^*)^T$ mit $y_3^* \in \mathbb{R}$ die einzigen stationären Punkte unserer Modellgleichung sind: Dass es welche sind ist klar, um einzusehen, dass es die einzigen sind, ist zunächst $y_2^* = 0$ aus (9) abzulesen, woraus sofort $y_1^* = 0$ aus (8) folgt.

Eine Eigenschaft maximaler Lösungen y unserer DGL, welche sich leicht ablesen lässt, ist die, dass für alle Zeitpunkte t des Intervalls I, auf dem die Lösung definiert ist, die Summe $y_1(t) + y_2(t) + y_3(t)$ konstant bleibt. Dies erkennt man, wenn man die Gleichungen (7), (8) und (9) aufaddiert und $0 = y_1'(t) + y_2'(t) + y_3'(t) = (y_1 + y_2 + y_3)'(t)$ erhält. Dies impliziert natürlich sofort die Konstanz der Summe.
Diese Erkenntnis spiegelt das aus der Chemie bekannte Gesetz von der Massenerhaltung wider.

Versuchen wir nun die stationären Punkte unserer Modellgleichung auf Stabilitätseigenschaften hin zu untersuchen. Dazu zunächst die folgende Überlegung:

Betrachtet man zu einem Startwert $y(0) = (C, 0, 0)^T$ mit $C > 0$ die entsprechende Lösung $(y_1, y_2, y_3)^T = y : [0, T] \to \mathbb{R}^3$, so erkennt man: $y_2'(0) > 0$. Folglich ist y_2 zumindest in der Nähe von 0 streng monoton steigend, folglich gilt $y_3' = \gamma y_2^2 > 0$ in einer Nähe von 0 (Punkt 0 selber ausgenommen). Damit gibt es einen (u.U. sehr kleinen) Zeitpunkt $t_0 > 0$, mit $y_i(t_0) > 0$ für alle $i = 1, 2, 3$. Es gilt nun aber der folgende Satz:

Satz 8 *Es sei $y : [0, \infty) \subseteq I \to \mathbb{R}^3$ eine maximale Lösung der Modellgleichung und es sei $t_0 \geq 0$ mit $y_i(t_0) > 0$ für $i = 1, 2, 3$. Dann gilt:*

- *$y_i(t) > 0$ für alle $t \geq t_0$ und für $i = 1, 2, 3$*

- *$\lim_{t \to \infty} y_1(t) = \lim_{t \to \infty} y_2(t) = 0$*

- *$\lim_{t \to \infty} y_3(t) = y_1(0) + y_2(0) + y_3(0)$*

Beweis:

Zunächst zu der ersten Aussage: Man erkennt sofort an (9), dass y_3 eine nichtnegative Ableitung hat, also monoton steigt. Es bleibt also ab t_0 positiv. Nichtpositive Werte könnten also höchsten bei y_1 oder y_2 auftreten. Dazu müsste (mindestens) eine der beiden Funktionen die Zeitachse schneiden oder zumindest berühren. Angenommen dies trifft als erstes für y_1 zu, d.h. für ein $\bar{t} > t_0$ gilt $y_1(\bar{t}) = 0$ und $y_1(t) > 0$ für alle $t \in [t_0, \bar{t})$, sowie $y_2(t) > 0$ für alle $t \in [t_0, \bar{t}]$. Dann gilt aber nach (7) $y_1'(\bar{t}) = \beta y_2(\bar{t}) y_3(\bar{t}) > 0$, womit $y_1(t) < 0$ für ein $t \in [t_0, \bar{t})$ (in der Nähe von $\bar{t}$) gelten müsste, was einen Widerspruch ergibt.
Analog folgt auch ein Widerspruch für den Fall der Existenz eines $\bar{t} > t_0$ mit $y_2(\bar{t}) = 0$ und $y_2(t) > 0$ für alle $t \in [t_0, \bar{t})$, sowie $y_1(t) > 0$ für alle $t \in [t_0, \bar{t}]$ und zwar wegen $y_2'(\bar{t}) = \alpha y_1(\bar{t}) - 0 - 0 > 0$, nach (8).
Der Fall der Existenz eines $\bar{t} > t_0$ mit $y_1(\bar{t}) = y_2(\bar{t}) = 0$ ist ebenfalls auszuschließen, weil hierfür $y = (0, 0, y_2(\bar{t}))^T$ (stationärer Punkt) die (nach Satz 7 eindeutig bestimmte) maximale Lösung wäre.
Wegen der Konstanz der Summe $y_1 + y_2 + y_3$ folgt aus dem ersten Punkt sofort, dass alle drei Komponenten ab t_0 stets zwischen 0 und $y_1(0) + y_2(0) + y_3(0)$ bleiben müssen. Damit folgt bereits die (monotone) Konvergenz von y_3 gegen eine positive Konstante K.
Leitet man nun (8) nach der Zeit ab, so erhält man $y_2'' = \alpha y_1' - \beta y_2' y_3 - \beta y_2 y_3' - 2\gamma y_2 y_2'$. Angenommen wir haben ein lokales Extremum von y_2 für einen Zeitpunkt $\bar{t} > t_0$, dann gilt also $y_2'(\bar{t}) = 0$ und damit bereits $y_2''(\bar{t}) = \alpha y_1'(\bar{t}) - \beta y_2 y_3'(\bar{t})$. Durch Addition von (7) und (8) erhält man für $\bar{t}$: $y_1'(\bar{t}) = -\gamma y_2^2(\bar{t})$. Mit (9) gilt weiterhin $y_3'(\bar{t}) = \gamma y_2^2(\bar{t})$. Nach Einsetzen erhalten wir nun: $y_2''(\bar{t}) = -\alpha \gamma y_2^2(\bar{t}) - \beta \gamma y_2^3(\bar{t}) < 0$ (denn $y_2(\bar{t}) > 0$). Somit kommt nur ein lokales Maximum (von y_2) für $\bar{t} > t_0$ in Frage und y_2 kann also für Zeitpunkte größer t_0 keine lokalen Minima besitzen, bzw. y_2' kann höchstens aus dem Positiven ins Negative wechseln (aber nicht umgekehrt). Damit bleibt y_2' ab einem Zeitpunkt entweder positiv oder negativ, womit dann die Monotonie und wegen der Beschränktheit auch die Konvergenz von y_2 gegen einen Wert L folgt. Wegen der Konstanz der Summe folgt nun auch die Konvergenz von y_1 gegen einen Wert M.
Mit (9) erhalten wir $\lim_{t \to \infty} y_3' = \gamma L^2$, was wegen der Beschränktheit von y_3 nun $L = 0$ impliziert, weil sonst ab einem $t > t_0$ die Ableitung y_3' größer $\frac{1}{2} \gamma L^2 > 0$ wäre und y_3 dann gegen Unendlich streben würde.
Mit (7) gilt nun $\lim_{t \to \infty} y_1' = -\alpha M + 0$, woraus wiederum analog $M = 0$ folgt. Wegen der Konstanz der Summe folgt nun $K = \lim_{t \to \infty}(y_1(t) + y_2(t) + y_3(t)) = y_1(0) + y_2(0) + y_3(0)$ und somit der dritte Punkt. Q.E.D

Der obige Satz beweist also die aus der Praxis naheliegende Vermutung, dass die Konzentrationen, wenn einmal positiv, auch positiv bleiben (was sollen negative Konzentrationen auch bitte sein), sowie aber auch, dass dann die Lösung gegen einen stationären Punkt

$(0, 0, y_1(0) + y_2(0) + y_3(0))$ konvergiert, also eine (in unendlicher Zeit) vollständige Umwandlung der Stoffe A und B in den Stoff C stattfindet.

3.2 Stabilität und Steifheit

Die Stabilitätsfunktion unseres Verfahrens lässt sich mit Mathematica einfach berechnen (Stabilitätsfunktion.nb) als

$$R(\zeta) = 1 + \zeta + \frac{\zeta^2}{2} + \frac{\zeta^3}{6} + \frac{\zeta^4}{24} + \frac{\zeta^5}{120} + \frac{\zeta^6}{1280} \qquad (13)$$

und stimmt bis zur fünften Ordnung mit der Taylorentwicklung der Exponentialfunktion überein. Graphisch lässt sich der Stabilitätsbereich (Stabilitätsbereich.nb), der sich in das Rechteck $[-6, 1] \times [-4, 4]$ einbetten lässt, sehr gut veranschaulichen.

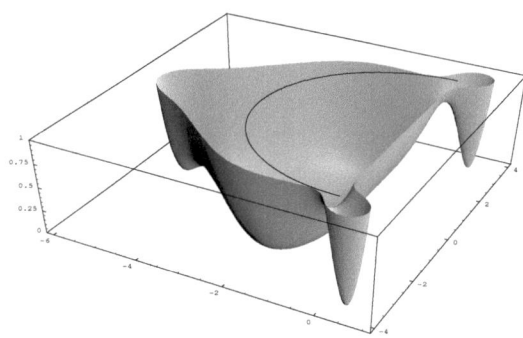

Abbildung 1: Stabilitätsbereich unseres Runge-Kutta-Verfahrens mit eingezeichnetem Halbkreis vom Radius $\tau = 3.15$

Ein lineares System $y' = Ay$ ist steif, wenn A einige Eigenwerte λ_i mit stark negativem Realteil und einige mit schwach negativem Realteil besitzt, d.h. das Verhältnis $\frac{max_{1 \leq i \leq n}(Re(\lambda_i)^-)}{min_{1 \leq i \leq n}(Re(\lambda_i)^-)}$ ist sehr groß für $min_{1 \leq i \leq n}(Re(\lambda_i)^-) \neq 0$. Hier bezeichnet $Re(\lambda)^-$ den Wert $max\{0, -Re(\lambda)\}$. Im nichtlinearen Fall $y' = f(y)$ betrachtet man die Jacobimatrix $Df(y)$.

Falls man eine solche Situation vorfindet, muss man sich auf Schwierigkeiten bei der Simulation des Verhaltens der DGL einstellen, denn das Stabilitätsgebiet ist nur beschränkt. Vielmals findet man auch die folgende Definition für Steifheit:

Stiff equations are equations where certain implicit methods perform better, usually tremendously better, than explicit ones.

Diese vergleicht also die numerische Güte von impliziten und expliziten Verfahren. Zwar fehlt bei uns der Vergleich zu impliziten Verfahren, doch wir werden zumindest feststellen, dass unser explizites Runge-Kutta-Verfahren teilweise große Schwierigkeiten hat das Verhalten der Modellgleichung zu simulieren.

3.3 Lösung des AWP

Für das Verhalten des Systems für den Startwert $y(0) = (1, 0, 0)$ mit den Parameter $\alpha = 0,04$, $\beta = 10^4$, $\gamma = 3 \cdot 10^7$ lässt sich feststellen:
Die Konzentration von B nimmt zunächst sehr schnell zu und nimmt dann allmählich ab, wobei der Umschlagpunkt ungefähr bei $3.65 \cdot 10^{-5}$ liegt. Die maximale Konzentration von B ist damit um einige Zehnerpotenzen kleiner als die von A und C.

Der oben erwähnte Umschlagswert lässt sich auch durch analytische Überlegungen bestätigen: Sei $\bar{t}$ der Umschlagszeitpunkt, womit also $y_2'(\bar{t})$ gleich null sein muss. Man erkennt weiterhin an der numerisch errechneten Lösung, dass bei dieser zum Zeitpunkt des Umschlagens (des lokalen Maximums) der zweiten Komponente y_2 die erste Komponente y_1 noch etwa den Wert $0,9998$ und die dritte y_3 etwa den Wert $1.45 \cdot 10^{-4}$ annimmt. Dies lässt uns vermuten, dass $y_1'(\bar{t})$ etwa gleich -0.04 ist, wie man an (7) erkennt: Der erste Summand auf der rechten Seite ist dann etwa -0.04 und der zweite ist trotz des großen Wertes von β vernachlässigbar klein (wegen der Größenordnung von $y_2(\bar{t})$ und $y_3(\bar{t})$). Durch Addition von (7) und (8) erhält man nun: $-0.04 \approx -\gamma y_2^2(\bar{t})$. Hieraus erhält man tatsächlich $y_2(\bar{t}) \approx 3.65 \cdot 10^{-5}$.

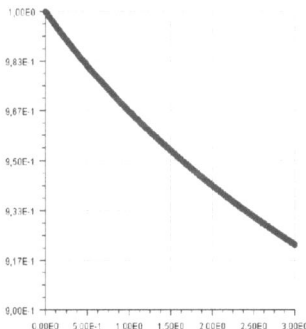

Abbildung 2: Lösung des AWP - y_1-Koordinate in Abhängigkeit von $t \in [0, 3]$ für $h = 10^{-4}$

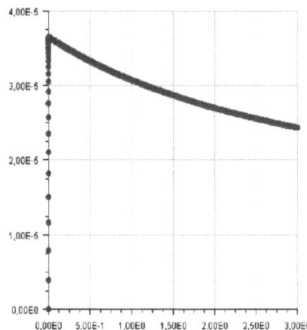

Abbildung 3: Lösung des AWP - y_2-Koordinate in Abhängigkeit von $t \in [0,3]$ für $h = 10^{-4}$

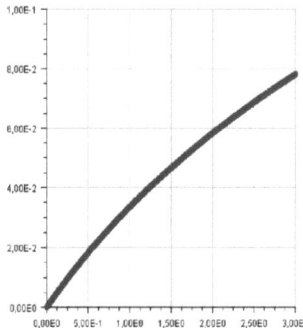

Abbildung 4: Lösung des AWP - y_3-Koordinate in Abhängigkeit von $t \in [0,3]$ für $h = 10^{-4}$

Folgende Beobachtungen bezüglich der Approximationseigenschaft der numerischen Lösung in Abhängigkeit von der Schrittweite lassen sich machen:
Wählt man die Schrittweite zu groß (schon ab $h \geq 2.5 \cdot 10^{-3}$), treten Diskretisierungsfehler auf, die die einzelnen Komponentenfunktionen regelrecht „explodieren" lassen.

Für zu große Schrittweiten „arbeitet" nämlich das Verfahren nicht mehr in seinem Stabilitätsbereich. Der Effekt der Steifheit kommt zur Geltung! Dazu betrachten wir die Matrix der Linearisierung im Punkt $(1, 3.65 \cdot 10^{-5}, 0)$:

$$f_y = \begin{pmatrix} -0.04 & 10^4 y_3 & 10^4 y_2 \\ 0.04 & -6 \cdot 10^7 y_2 - 10^4 y_3 & -10^4 y_2 \\ 0 & 6 \cdot 10^7 y_2 & 0 \end{pmatrix} = \begin{pmatrix} -0.04 & 0 & 0.365 \\ 0.04 & -2190 & -0.365 \\ 0 & 2190 & 0 \end{pmatrix}$$

mit gerundeten Eigenwerten -2190, -0.4 und 0 (vgl. Eigenwert.nb), so dass ein steifes System vorliegt. Diese Wahl des Punktes ist sinnvoll: Angenommen unser Verfahren konnte in etwa das Verhalten des AWP bis zum „Knick der y_2-Komponente" nachbilden, nun muss also das Verfahren in der Nähe dieser Stelle einen Runge-Kutta-Schritt ausführen. Hierbei beeinflusst die Wahl von y_3 und erst Recht die von y_1 die qualitative Aussage der Steifheit nicht (vgl. Eigenwert.nb für $y_3 = 0.01$).

Für die Wahl der Schrittweite kann man den folgenden Sachverhalt heranziehen: Der Halbkreis $\mathbb{B}_{3.15}^-$ lässt sich in das Stabilitätsgebiet unseres Verfahrens einbetten, so dass nach Satz 5 für Schrittweiten $h \le \frac{3.15}{2190} \approx 1.4 \cdot 10^{-3}$ die Stabilität durch kleine Schrittweiten „gerettet" wird und mit einem gutartigen Verhalten zu rechnen ist. Dies deckt sich auch ganz gut mit den numerischen Beobachtungen.

Welchen Einfluss die Parameter der DGL auf das Verhalten des Verfahrens haben, erkennt man z.B. für $(\alpha, \beta, \gamma) = (1,1,1)$. Hier sind auch größere Schrittweiten zulässig, da die Steifheit der DGL verloren geht:

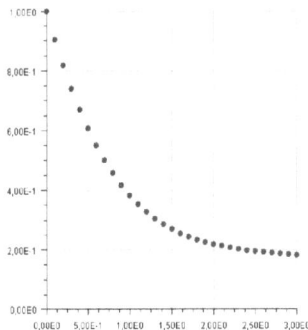

Abbildung 5: Lösung des AWP - y_1-Komponente in Abhängigkeit von $t \in [0,3]$ für $(\alpha, \beta, \gamma) = (1,1,1)$ und $h = 0.1$

18

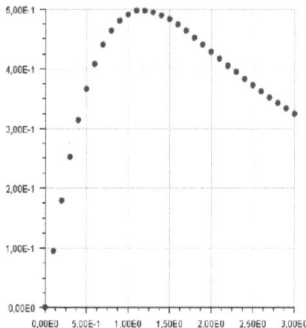

Abbildung 6: Lösung des AWP - y_2-Komponente in Abhängigkeit von $t \in [0,3]$ für $(\alpha, \beta, \gamma) = (1,1,1)$ und $h = 0.1$

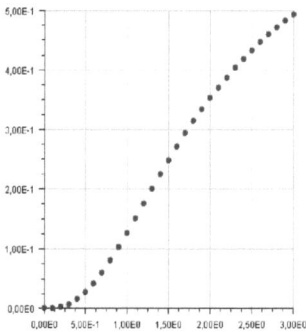

Abbildung 7: Lösung des AWP - y_3-Komponente in Abhängigkeit von $t \in [0,3]$ für $(\alpha, \beta, \gamma) = (1,1,1)$ und $h = 0.1$

3.4 stationäre Punkte und Langzeitverhalten

Die Gleichung $y' = f(y) = 0$ ist, wie bereits erwähnt, genau für y^* mit $y^* = (y_1^*, y_2^*, y_3^*) = (0, 0, y_3^*)$ ($y_3^* \in \mathbb{R}$ beliebig) erfüllt. Nach Satz 8 gilt, dass wenn die Anfangskonzentrationen allesamt positiv sind, auch $y(t) \to (0, 0, y_1(0) + y_2(0) + y_3(0))$ für $t \to \infty$ gilt, d.h. man „läuft" zwangsläufig in einen stationären Punkt. Nun stellt sich die Frage, inwiefern die numerischen Ergebnisse des Runge-Kutta-Verfahrens dieses Langzeitverhalten nachvollziehen:

Es ist zunächst festzustellen, dass das System extrem störungsanfällig ist, d.h. es gibt mehrere Beschränkungen, damit die Konzentrationen betragsmäßig nicht explodieren. Dabei darf y_2 nicht zu groß gewählt werden, denn in der Linearisierung

$$f'(y) = \begin{pmatrix} -0.04 & 10^4 y_3 & 10^4 y_2 \\ 0.04 & -6 \cdot 10^7 y_2 - 10^4 y_3 & -10^4 y_2 \\ 0 & 6 \cdot 10^7 y_2 & 0 \end{pmatrix}$$

treten große Einträge und damit auch große Eigenwerte auf, so dass ein steifes System vorliegt, dass numerisch schwer zu handhaben ist. Zu kleine Schrittweiten führen wiederum auf Rundungsfehler und zu große Schrittweiten gehen mit Verfahrensfehlern einher. Berücksichtigt man diese Restriktionen, so kann man das theoretische Verhalten auch feststellen:

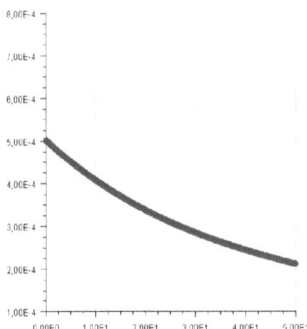

Abbildung 8: y_1-Komponente in Abhängigkeit von $t \in [0, 50]$ für $y_0 = (5 \cdot 10^{-4}, 5 \cdot 10^{-4}, 10^{-3})$ und $h = 10^{-4}$

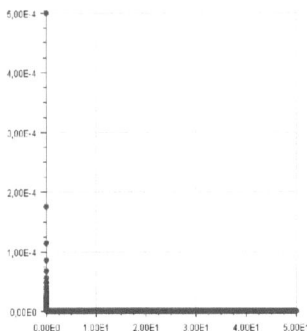

Abbildung 9: y_2-Komponente in Abhängigkeit von $t \in [0, 50]$ für $y_0 = (5 \cdot 10^{-4}, 5 \cdot 10^{-4}, 10^{-3})$ und $h = 10^{-4}$

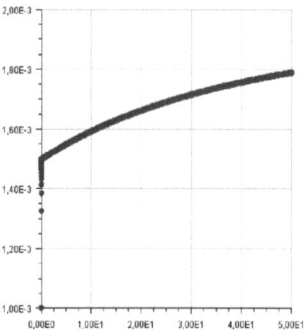

Abbildung 10: y_3-Komponente in Abhängigkeit von $t \in [0, 50]$ für $y_0 = (5 \cdot 10^{-4}, 5 \cdot 10^{-4}, 10^{-3})$ und $h = 10^{-4}$

Dabei ist anzumerken, dass man oftmals sehr lange rechnen muss, bis sich dieses Langzeitverhalten herauskristallisiert und man dieses Verhalten teilweise auch nur erahnen kann. Exemplarisch sieht man das für die y_1-Komponente im Vergleich der Abbildungen 11 und 12. Über eine kleines Zeitintervall betrachtet, scheint es, dass sich die Konzentration von A erhöht bzw. zumindest stabilisiert. Geht man hingegen zu einem größeren Zeitfenster über, lässt sich feststellen, dass nach Erreichen eines Maximums die Konzentration wieder langsam zurückgeht.

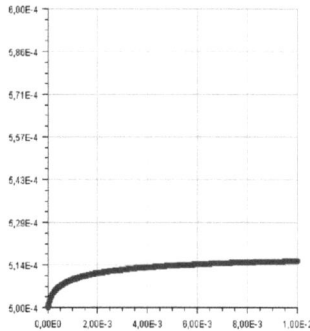

Abbildung 11: y_1-Komponente in Abhängigkeit von $t \in [0, 0.01]$ für $y_0 = (5 \cdot 10^{-4}, 5 \cdot 10^{-4}, 10^{-2})$ und $h = 10^{-5}$

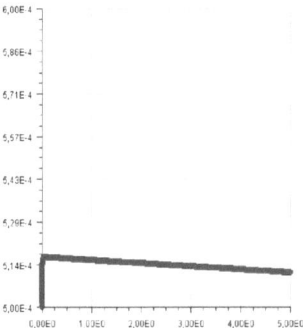

Abbildung 12: y_1-Komponente in Abhängigkeit von $t \in [0,5]$ für $y_0 = (5 \cdot 10^{-4}, 5 \cdot 10^{-4}, 10^{-2})$ und $h = 10^{-5}$

Welchen Einfluss eine Änderung der Parameter auf die Stabilität und das Langzeitverhalten hat, erkennt man in Abbildung 9 für $(\alpha, \beta, \gamma) = (1, 1, 1)$ und $y_0 = (0.1, 0.1, 1)$. Trotz großer Schrittweite ($h = 1$) konvergiert y_3 gegen die Gesamtmasse, wie man das anhand theoretischer Erkenntnisse auch erwartet:

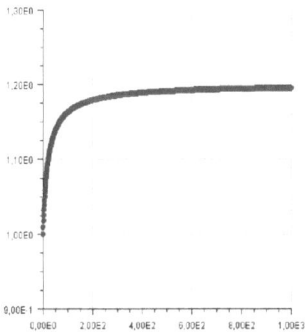

Abbildung 13: y_3-Komponente in Abhängigkeit von $t \in [0, 1000]$ für $(\alpha, \beta, \gamma) = (1, 1, 1)$, $y_0 = (0.1, 0.1, 1)$, $h = 1$

4 Konvergenzordnung

Wir betrachten nun die folgenden Anfangswertprobleme:

$$y' = y \qquad y(0) = y_0 \tag{14}$$

$$\begin{pmatrix} y_1' \\ y_2' \end{pmatrix} = \begin{pmatrix} -y_2 \\ y_1 \end{pmatrix} \qquad y(0) := \begin{pmatrix} y_1(0) \\ y_2(0) \end{pmatrix} = y_0 \tag{15}$$

$$\begin{pmatrix} y_1' \\ y_2' \\ y_3' \end{pmatrix} = \begin{pmatrix} \lambda & 1 & 0 \\ 0 & \lambda & 1 \\ 0 & 0 & \lambda \end{pmatrix} \begin{pmatrix} y_1 \\ y_2 \\ y_3 \end{pmatrix} \qquad y(0) := \begin{pmatrix} y_1(0) \\ y_2(0) \\ y_3(0) \end{pmatrix} = y_0 \tag{16}$$

mit den expliziten Lösungen (deren Richtigkeit man etwa durch direktes Ableiten nachrechnet)

$$y(t) = \exp(t)y_0$$

$$y(t) = \exp \begin{pmatrix} 0 & -t \\ t & 0 \end{pmatrix} y_0 = \begin{pmatrix} \cos t & -\sin t \\ \sin t & \cos t \end{pmatrix} y_0$$

$$y(t) = e^{\lambda t} \begin{pmatrix} 1 & t & \frac{t^2}{2} \\ 0 & 1 & t \\ 0 & 0 & 1 \end{pmatrix} y_0$$

Die betrachteten Systeme sind alle von linearer Natur, so dass nach Satz 6 mit einer Konvergenzordnung von 5 zu rechnen ist.

Entsprechend der Definition weist ein Verfahren Konvergenzordnung p auf, falls:

$$max_{t_j}\|e_h(t_j)\| = O(h^p) \approx C \, h^p \tag{17}$$

bzw. in logarithmierter Form

$$\ln(max_{t_j}\|e_h(t_j)\|) \approx \ln C + p \ln h \tag{18}$$

so dass sich die Konvergenzordnung als Geradenanstieg bei logarithmierten Skalen ergibt. Für den speziellen Fall $I = [0,1]$ und Schrittweiten von 0.01 bis 0.1 erhält man die Anstiege (der jeweiligen Regressionsgerade) von etwa 4.966 bzw. 4.994, sowie 4.960, so dass man also sagen kann, dass wie erwartet eine Konvergenzordnung von $p = 5$ vorliegt. Man beachte außerdem, dass die Wahl der Schrittweiten hierbei beschränkt ist, denn für zu kleine Schrittweiten treten Rundungsfehler auf und für zu große fallen Verfahrensfehler zu stark ins Gewicht.

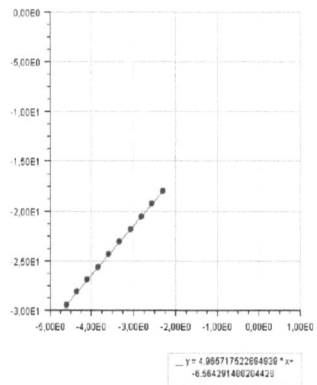

Abbildung 14: Konvergenzordnung für (14) mit $y_0 = 1$

23

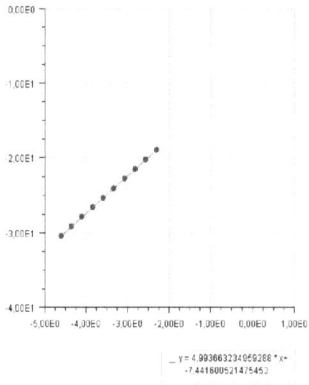

Abbildung 15: Konvergenzordnung für (15) mit $y_0 = (1, 0)$

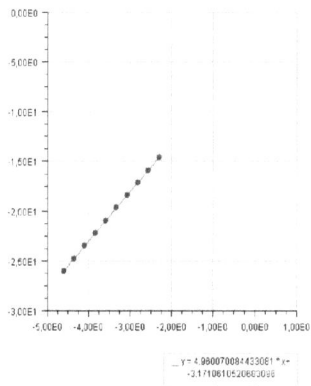

Abbildung 16: Konvergenzordnung für (16) mit $\lambda = 1$ und $y_0 = (1, 1, 1)$

Literaturverzeichnis:

[HB02] Martin Hanke-Bourgeois: Grundlagen der Numerischen Mathematik und des Wissenschaftlichen Rechnens, Teubner, 2002

[Bu87] J.C.Butcher: The numerical analysis of ordinary differential equations, John Wiley and Sons, 1987

[Schw04] H.-R. Schwarz, N. Köckler: Numerische Mathematik, 5. überarb. Auflage, Teubner, 2004

[Kö01] K. Königsberger: Analysis 2, 3. überarbeitete Auflage, Springer-Verlag, 2001

[Wa02] G. Wanner, E. Hairer: Solving Ordinary Differential Equations II, Springer, 2002

[Si06] B. Simeon: Skriptum zur VL „Numerik von ODEs", www-m2.ma.tum.de/˜simeon/-numerik3/skript.html